Sitzungsberichte des Plenums
und der Klassen
der Akademie der Wissenschaften
der DDR

12
1972

G. Kelbg / P. Görlich

Physik der Flüssigkeiten

Kepler und die Optik

- Zwei Vorträge -

AKADEMIE-VERLAG · BERLIN

Sitzungsberichte des Plenums
und der Klassen
der Akademie der Wissenschaften
der DDR

Jahrgang 1972 · Nr. 12

G. Kelbg

Neuere Ergebnisse der Physik der Flüssigkeiten und ihre Bedeutung für Naturwissenschaft und Technik

P. Görlich

Kepler und seine Beziehungen zur Optik

AKADEMIE-VERLAG · BERLIN
1973

Vorträge gehalten von Günter Kelbg,
Ordentliches Mitglied der Akademie der Wissenschaften der DDR,
in der Plenarveranstaltung am 27. Januar 1972,
und Paul Görlich, Ordentliches Mitglied
der Akademie der Wissenschaften der DDR,
in der Plenarveranstaltung am 6. April 1972

Herausgegeben im Auftrage des Präsidenten
der Akademie der Wissenschaften der DDR
von Vizepräsident Prof. Dr. Heinrich Scheel

Erschienen im Akademie-Verlag, 108 Berlin, Leipziger Str. 3—4

Lizenznummer: 202 · 100/602/73
Herstellung: VEB Druckhaus „Maxim Gorki", 74 Altenburg
Bestellnummer: 761 955 6 (2010/72/12) · LSV 1105
Printed in GDR
EVP 3,—

Inhaltsverzeichnis

G. Kelbg

Neuere Ergebnisse der Physik der Flüssigkeiten und ihre Bedeutung für Naturwissenschaft und Technik

Inhalt

1. Einleitung

Die physikalische Forschung unserer Zeit vollzieht sich in mehreren Hauptrichtungen. Eine davon ist die kondensierte Materie. Während in einigen anderen Hauptrichtungen wie Elementarteilchenphysik oder Kosmische Physik noch entscheidende fundamentale Fragen zu klären sind, können wir bezüglich der Hauptrichtung Kondensierte Materie sagen, daß die meisten fundamentalen physikalischen Gesetzmäßigkeiten bekannt sind.

Die Aufgabe der Forschung in dieser Richtung besteht jetzt vornehmlich darin, auf gesicherten Fundamenten das Fachgebiet weiter zu durchforschen und immer tiefer in die Zusammenhänge der physikalischen Erscheinungen einzudringen. Dabei haben wir drei Teilgebiete von unterschiedlichem Entwicklungsstand zu unterscheiden, Festkörper mit Fernordnung, amorphe Festkörper und Flüssigkeiten.

Es muß festgestellt werden, daß die Forschung auf dem Gebiet der Festkörper mit Fernordnung, der Kristalle, dank weltweiter intensiver Bemühungen recht weit fortgeschritten ist. Die Forschungsergebnisse haben u. a. ihren Niederschlag in einem hohen Entwicklungsstand der Elektronik—Elektrotechnik gefunden und ermöglichten die moderne Datenverarbeitung. Damit konnten entscheidende Beiträge zu den für die Gesellschaft so wichtigen Hauptkomplexen Werkstoffe, Energie und Information geleistet werden.

Dagegen ist die Forschung auf den Gebieten der amorphen Festkörper und Flüssigkeiten hinsichtlich der Theorie, aber auch bezüglich der Experimente und der Anwendungen, bei weitem nicht so weit entwickelt. Es ist zu erwarten, daß in Zukunft das weltweite Forschungspotential auf diesem Teilgebiet rasch zunehmen wird. Die Forschungsergebnisse auf dem Gebiet der amorphen Festkörper werden für die Gesellschaft eine hohe Bedeutung erlangen, da umfangreiche Auswirkungen auf die Entwicklung von Konstruktionswerkstoffen wie Glas und Polymere und Sonderwerkstoffe für die Elektronik—Elektrotechnik zu erwarten sind. Bezüglich der Forschung auf dem Gebiet der Flüssigkeiten ist anzunehmen, daß von hier aus entscheidende Impulse für die Weiterentwicklung anderer Wissensgebiete, insbesondere der Chemie und der Biologie, ausgehen werden.

Stoffwandelnde Prozesse zum Beispiel verlaufen zu einem großen Teil in der flüssigen Phase. Die molekulare Struktur der Lösungen, die Kräfte zwischen den Molekülen, ihre Wärmebewegung und Diffusion beeinflussen wesentlich den Ablauf der chemischen Reaktionen. Daher ist das physikalische Verständnis der Struktur und Eigenschaften der Flüssigkeiten auch für die Weiterentwicklung der chemischen Verfahrenstechnik außerordentlich wichtig. Es gibt eine Vielzahl anderer industrieller Prozesse, bei denen in einer Produktionsphase der flüssige Zustand auftritt, selbst wenn das Finalprodukt ein Festkörper ist.

Auch für das Nachbargebiet der Biologie sind Flüssigkeiten von hervorragender Bedeutung, da sie eine entscheidende Rolle bei den Lebensvorgängen spielen. Das Wasser und die elektrolytischen Lösungen beeinflussen viele biologische Elementarprozesse, u. a. Vorgänge an Membranen, aber auch die Muskel- und Nerventätigkeit. Die Forschung in dieser Richtung kann daher für die gezielte Beeinflussung biologischer Strukturen bedeutungsvoll sein. Damit könnte eine Neuentwicklung eingeleitet werden, die in ihren Auswirkungen auf die Gesellschaft die Elektronik übertrifft.

Wir sehen es als sicher an, daß physikalische Gesetze auch bei belebten Systemen gültig sind und daß demzufolge auch physikalische Untersuchungsmethoden zur Klärung biologischer Elementarprozesse herangezogen werden können.

Daher erwarten wir durch Anwendungen der in der physikalischen Forschung erprobten und bewährten Denkweise und experimentellen Verfahren weitere Fortschritte auf diesem Gebiet.

Die Besonderheit biologischer Systeme besteht allerdings darin, daß sie außerordentlich hoch organisiert sind und eine hohe Komplexität aufweisen. Dadurch werden auch neue Observable und Vorgänge bedingt, die der Physik fremd sind und die Eigenständigkeit des Gebietes sichern. Augenscheinlich laufen in diesem Bereich die kompliziertesten Prozesse der Naturwissenschaft ab.

2. Der flüssige Zustand

Flüssigkeiten gehören zur kondensierten Materie und zeichnen sich dadurch aus, daß sie nicht formbeständig sind, die Zusammendrückbarkeit aber nicht viel unterhalb der der Festkörper liegt. Der molekularen Struktur nach liegen sie zwischen den Festkörpern und Gasen und sind von diesen benachbarten Aggregatzuständen im allgemeinen durch einen Phasenumwandlungsprozeß 1. Ordnung getrennt. Im Gegensatz zu Festkörpern sind die Moleküle beweglich, und dadurch wird die Fluidität bedingt. Im Vergleich zu Gasen sind die Moleküle sehr dicht gepackt und infolgedessen hoch miteinander korreliert. Die zwischenmolekularen Wechselwirkungen rufen im molekularen Aufbau eine erhebliche Nahordnung ohne geometrische Symmetrie hervor.

Das Spektrum der in der Natur auftretenden Flüssigkeiten ist außerordentlich groß. Man pflegt daher zu charakterisieren nach dem Wechselwirkungsmechanismus, dem Aufbau der Moleküle und der Zusammensetzung. Eine grobe Klassifizierung kann erfolgen nach atomaren Flüssigkeiten, molekularen Flüssigkeiten, Lösungen und Schmelzen.

Wenn wir auf die Entwicklung des Wissenschaftsgebietes zurückblicken, so können wir sagen, daß eine erste allgemeine qualitative theoretische Durchdringung von van der Waals im Jahre 1873 erfolgte. Er stellte die berühmte und nach ihm benannte Zustandsgleichung auf, mit der es möglich ist, alle drei Aggregatzustände der Materie zu erfassen. Es wurde die Erkenntnis gewonnen, daß der flüssige Zustand ein Ausdruck der anziehenden Kraftwirkungen zwischen den Molekülen ist. Die Kraftwirkungen zwischen Molekülen im Bereich kleiner Entfernungen sind abstoßend, bei etwas größeren Entfernungen anziehend. Daher ergeben sich folgende qualitative Zustandsgleichungen:

ohne anziehende Kräfte $$p(V - b) = nkT,$$

mit anziehenden Kräften $$\left(p + \frac{a}{v^2}\right)(V - b) = nkT.$$

Während lange Zeit nur geringe Fortschritte in der theoretischen Durchdringung des Gebietes erzielt wurden, setzte ab 1935 eine stärkere Entwicklung ein. Beeinflußt durch die Pionierarbeiten auf dem Gebiet der Statistik durch J. W. GIBBS (um 1900) brachten KIRKWOOD und YVON (1935) durch Aufstellen von Bestimmungsgleichungen für die molekularen Verteilungsfunktionen in Abhängigkeit von den zwischenmolekularen Potentialen das Wissenschaftsgebiet einen großen Schritt voran.

Im Jahre 1946 wurde dann eine allgemeine mikroskopische Beschreibung der Transportprozesse dichter Systeme von KIRKWOOD, BORN, GREEN, YVON und BOGOLJUBOW gegeben. Nach 1950 setzte eine weitere stürmische Entwicklung nicht zuletzt auch durch den Gebrauch von Computern ein.

In der physikalischen Forschung zeichnen sich seit dieser Zeit drei Stoßrichtungen ab:

1. theoretische Untersuchungen,
2. experimentelle Untersuchungen,
3. Untersuchungen mit Hilfe von Computern.

Auf dem Gebiet der Flüssigkeitsforschung können wir daher eine Einteilung der Physik in eine theoretische Physik, eine experimentelle Physik und eine Computer-Physik vornehmen.

Die theoretischen Betrachtungen basieren vornehmlich auf den Methoden der statistischen Physik. Im folgenden Abschnitt geben wir einen Überblick über den Stand der Theorie.

Auf experimentellem Gebiet kamen verfeinerte und neue Experimentiertechniken zur Anwendung. Insbesondere geben spektroskopische Methoden Möglichkeiten zur experimentellen Bestimmung der Struktur und der Wechselwirkung. Hier sind zu nennen:

1. die Streuung von Röntgen-, Licht-, Elektronen- und Neutronenstrahlen,
2. die NMR-, IR-, RAMAN-Laser- und MÖSSBAUER-Spektroskopie,
3. Mikrowellen und Ultraschalluntersuchungen.

Als dritter Zweig der Erkenntnisgewinnung tritt heute die Computerphysik auf. Große Computer werden heute nicht nur verwendet, um Formeln auszuwerten und Gleichungen zu lösen, sondern mit ihrer Hilfe lassen sich Computerexperimente an Modellsystemen durchführen. Somit tritt die Rechenmaschine als neue Erkenntnisquelle neben das Experiment am realen System. Es wird möglich, auf der Basis gesicherter physikalischer Erkenntnisse für ein Modellsystem einen Überblick über mögliche Strukturen und Erscheinungen zu gewinnen. Auch können sehr gut Theorien getestet werden.

Zwei Verfahren haben eine große Bedeutung erlangt:

1. die Monte-Carlo-Methode für Gleichgewichtsvorgänge,
2. die Molekulardynamische Methode für Gleichgewichts- und Transportprozesse.

Zugrunde gelegt wird ein Vielteilchensystem von 100 bis 1000 Teilchen mit periodischen Randbedingungen. Nach der ersten Methode werden Mittelwerte über bestimmte Gesamtheiten gebildet. Das zweite Verfahren beruht auf der Berechnung der Teilchentrajektorien auf Grund der mechanischen Bewegungsgleichungen.

3. Theorie der Flüssigkeiten

3.1. Zwischenmolekulare Wechselwirkungen

Im Vergleich zu den Festkörpern mit Fernordnung ist der flüssige Zustand bei weitem nicht so erforscht. Diese Feststellung müssen wir heute treffen, trotz verstärkter Arbeit in den letzten zwei Jahrzehnten auf diesem Gebiet. Die Ursache hierfür ist wohl im Fehlen eines geeigneten einfachen Grundmodells zu sehen und in der schwer zu überblickenden Struktur.

Das zentrale Problem der Theorie der Flüssigkeiten besteht darin, die Struktur, die thermodynamischen und Transporteigenschaften auf Grund der Wechselwirkungskräfte zwischen den Atomen und Molekülen zu verstehen. Als entscheidende Größe der Theorie geht die von den Teilchen herrührende gesamte Wechselwirkungsenergie ein.

Damit Flüssigkeiten einer theoretischen Behandlung zugänglich gemacht werden können, wird folgende grundlegende Annahme gemacht. Die gesamte Wechselwirkungsenergie der Teilchen wird aus Zweikörper- und Mehrkörperpotentialen aufgebaut:

$$U = \sum_{i<j=1}^{N} u_{ij}(w_i, w_j) + \sum_{i<j<k=1}^{N} u_{ijk}(w_i, w_j, w_k) + \cdots .$$

Bei einfachen Flüssigkeiten oder auch atomaren Flüssigkeiten sind die Paarpotentiale oft kugelsymmetrisch und haben folgende Struktur:

$$u(r) = \varepsilon \left[\left(\frac{a}{r}\right)^{12} - \left(\frac{a}{r}\right)^{6}\right].$$

Edelgase nicht zu hoher Dichte lassen sich ohne zusätzliche Mehrkörperkräfte beschreiben. Bei höheren Dichten und weiteren Bereichen der p-V-Ebene sind aber auch in diesem Fall kompliziertere Funktionen zu verwenden. Außerdem müssen Dreikörperkräfte berücksichtigt werden. Wir kennen genauere Zweikörperpotentiale von BARKER-POMPE, BOBETIC-BARKER und DYMOND-ALDER für Edelgase.

Von AXILROD-TELLER wurden außerdem Triple-Dipol-Kräfte eingeführt. Das Potential ist folgendermaßen aufgebaut:

$$u_{ijk} = \nu \frac{1 + 3 \cos \vartheta_1 \cos \vartheta_2 \cos \vartheta_3}{r_{ij}^3 r_{ik}^3 r_{jk}^3}.$$

Weiter bleibt ein wichtiges Problem für eine Theorie der Flüssigkeiten die genaue Bestimmung der Wechselwirkungskräfte zwischen den Teilchen. Diese können sehr kompliziert sein. Molekulare Flüssigkeiten liefern zusätzliche nichtkugelsymmetrische Anteile wie auch Dipol- und Quadrupolkräfte. In manchen Flüssigkeiten treten chemische Kräfte und H-Bindungen auf. Bei größeren Molekülen wird der Wechselwirkungsmechanismus noch komplizierter infolge der inneren Freiheitsgrade.

Zur Zeit konzentriert sich die Forschung hauptsächlich auf einfache Flüssigkeiten mit kugelsymmetrischer Wechselwirkung. Vereinzelt tauchen Arbeiten für andere Potentiale, z. B. für das erweiterte STOCKMAYER-Potential, auf mit zusätzlicher μ—μ-, μ—Q- und Q—Q-Wechselwirkung. Zum Beispiel werden für CO folgende Parameter verwendet, die in der Tabelle 1 zusammengestellt sind:

Tabelle 1

$\varepsilon = 1{,}517 \cdot 10^{-14}$ erg

$a = 3{,}585$ Å

$\mu = 0{,}1172$ D

$Q = 2{,}43 \cdot 10^{-26}$ ese

Im übrigen ist die Berechnung der zwischenmolekularen Wechselwirkung eine Domäne der Atom- und Molekülphysik und der Quantenmechanik.

3.2. Die statistisch-mechanische Theorie des Gleichgewichtes

In der Gleichgewichtstheorie interessieren wir uns für die Zustandsgleichung, für Druck-Temperatur-Diagramme, Phasenumwandlungen usw.

Die Berechnung der thermodynamischen Funktionen kann durch Auswertung des Zustandsintegrals oder Ermittlung der radialen Verteilungsfunktionen $g(r)$ erfolgen. $g(r)$ liefert Informationen über die Struktur des

Systems und kann auch experimentell durch Streuexperimente ermittelt werden. $g(r)$ gibt die Wahrscheinlichkeit an, daß zwei benachbarte Volumenelemente gleichzeitig mit je einem Teilchen besetzt sind.

$g(r)$ hat immer ein ausgeprägtes Maximum, an das sich kleinere Schwingungen anschließen. Dieser Verlauf ist typisch für eine Struktur ohne Fernordnung.

Radiale Verteilungsfunktionen lassen sich bei bekannten Wechselwirkungspotentialen mit Hilfe von Clusterintegralentwicklungen und nichtlinearen Integralgleichungen berechnen. Als wichtig hat sich die Gleichung von PERCUS-YEVICK in der PY 1 oder PY 2 Form herausgestellt. Bei nicht zu hohen Dichten liefert sie passable Näherungsresultate.

Eine weitere statistische Methode stellt die Störungstheorie der Flüssigkeiten dar. Das Verfahren beruht darauf, daß Abweichungen von einem Bezugssystem ermittelt werden, dessen Eigenschaften durch Computerexperimente bekannt sind. Dazu wird das zwischenmolekulare Potential in zwei Anteile aufgespalten und die Störungsrechnung nach dem zweiten meist anziehenden Anteil durchgeführt.

3.3. Die statistisch-mechanische Theorie der Transportprozesse

Die Theorie der Transportprozesse einfacher Flüssigkeiten ist bei weitem nicht in dem Maße ausgebaut wie die Theorie des Gleichgewichtes. Systeme geringerer Dichte lassen sich mit Hilfe der BOLTZMANNschen Transportgleichung behandeln. Mit der bekannten Lösungsmethode von CHAPMAN-ENSKOG können Transportkoeffizienten berechnet werden. Es hat nicht an Versuchen gefehlt, die BOLTZMANN-Gleichung auf höhere Dichten auszudehnen. Die Versuche sind bisher fehlgeschlagen, weil bei der Entwicklung des Stoßtermes nach der Dichte n Divergenzen auftreten. Mithin liegt nichtanalytisches Verhalten bezüglich n vor. Ein experimenteller Test der gewöhnlichen BOLTZMANN-Gleichung von J. A. BARKER, M. V. BOBETIC und A. POMPE in Mol. Phys. **20** (1971) 347 ergibt für Argon sehr gute Resultate. Daher müssen wir sagen, daß diese Gleichung durch das Experiment gesichert, aber leider noch nicht streng theoretisch begründet ist.

Man versucht heute, durch Computerexperimente Licht in die Molekulardynamik zu bringen. Eine erste MD-Rechnung größerer Art wurde von A. RAHMAN in Phys. Rev. **136 A** (1964) 405 veröffentlicht. Weitere Arbeiten studieren ebenfalls folgende Funktionen für Struktur und Dynamik:

Radiale Verteilungsfunktionen $g(r)$,

Zeitabhängige Radialverteilungen $G_s(r, t)$, $G_d(r, t)$,

Geschwindigkeitskorrelationsfunktionen $\Psi(t) = \frac{\langle \boldsymbol{w}(o)\, \boldsymbol{w}(t) \rangle}{\langle v^2 \rangle}$,

Memory-Funktionen,

usw.

Es zeigt sich, daß Abweichungen vom reinen Diffusionsverhalten offenkundig sind. Die Sprung-Diffusionstheorie bestätigt sich nicht. Man erhält das Resultat, daß für $t < 10^{-13}$ s das Teilchen frei fliegt, im Bereich $10^{-13} < t < 10^{-11}$ s das Teilchen wie in einer festkörperähnlichen Umgebung eingebettet ist, und erst ab 10^{-11} s eine Diffusionsbewegung vorliegt.

3.4. Theorie elektrolytischer Lösungen

Elektrolytische Lösungen sind Flüssigkeiten, die einen nicht unerheblichen Anteil von Ionen, d. h. positiv und negativ geladene Teilchen, enthalten. Dieses Ionensystem mit den weitreichenden COULOMB-Kräften bestimmt in charakteristischer Weise das thermodynamische und Transportverhalten der Lösung.

Für statistische Rechnungen wird meistens das folgende Modell zugrunde gelegt. Eine elektrolytische Lösung wird als ein Ionengas angesehen, das in einem kontinuierlichen Medium der Dielektrizitätskonstante D und der Viskosität η eingebettet ist. Das Ziel der Theorie ist, die Abweichungen vom Verhalten zum reinen Lösungsmittel zu ermitteln.

Bei sehr hohen Verdünnungen dominieren die COULOMB-Kräfte, und es gelten die Grenzgesetze von DEBYE-HÜCKEL-ONSAGER-FALKENHAGEN. Zur Zeit besteht die Aufgabe der Theorie darin, höhere Konzentrationsbereiche zu erfassen.

Konzentriertere Lösungen sind sehr komplexe Systeme, da einmal zusätzliche kurzreichende Kräfte zwischen den Ionen zu berücksichtigen sind, zum anderen die Wechselwirkung mit dem Lösungsmittel und die auftretenden Strukturveränderungen eine Rolle spielen.

Die heutige Theorie versucht, alle diese Effekte durch zusätzliche kurzreichende effektive Potentialfunktionen zu erfassen. Auch die Rostocker Arbeitsgruppe hat sich mit diesem Problem beschäftigt und einige Resultate erhalten.

Die Theorie des Gleichgewichtes kann mit den üblichen Gleichgewichtsmethoden der Statistik behandelt werden. Die Transportprozesse bedürfen einer individuellen Behandlung, da die Ionen in einem Medium eingebettet sind, das für eine entsprechende Impulsverteilung sorgt.

Sowohl die Theorie des Gleichgewichtes als auch die Transporttheorie wurde für COULOMB-Systeme mit zusätzlichen kurzreichenden Wechselwirkungen und starker elektrischer Kopplung weitergeführt. Insbesondere wurde das Potentialtopfmodell untersucht. Damit konnte eine weitere Klasse von Elektrolyten mit Tetraalkylammonium-Ionen erfaßt werden.

Systeme starrer Kugeln mit Punktladungen im Zentrum wurden auch mit Hilfe von Computerexperimenten bearbeitet. Die Monte-Carlo-Methode liefert p-V-Diagramme, die einen Phasenumwandlungsprozeß für BJERRUM-Parameter ab $b = e^2/DkTa \geqq 10{,}7$ zeigen.

Die Erforschung der Funktionen biologischer Systeme wird davon abhängen, wie wir es verstehen, die molekulare Betrachtungsweise auf die elementaren biologischen Prozesse anzuwenden. In dieser Beziehung sind elektrolytische Lösungen von großer Bedeutung. Sie beeinflussen den osmotischen Druck, die chemischen Potentiale und das DONNAN-Potential, aber auch Ionenwanderungsprozesse an Membranen als Schranken, Schleusen und Pumpen für den molekularen Transport.

Auch elektrische Doppelschichten müssen in diesem Zusammenhang erwähnt werden.

Es gibt sicher viele weitere Anwendungen der modernen Theorie der Elektrolyte, aber man muß auch an Erweiterungen denken, da Ionenwanderungsprozesse in lebenden Systemen vornehmlich in stark inhomogenen Medien und in der Nähe von Grenzflächen vor sich gehen. Neuere statistische Verfahren sind weiter anwendbar auf Polyelektrolyte und Biopolymere. Diese Verbindungen sind in biologischen Systemen sehr bedeutungsvoll, da kleine Änderungen der DK oder des pH-Wertes des Lösungsmittels oft zu starken Veränderungen der Struktur führen.

4. Neuere Erkenntnisse in der Physik der Flüssigkeiten

4.1. Solvatisierte Elektronen

Seit einiger Zeit ist bekannt, daß solvatisierte Elektronen bei vielen chemischen Reaktionen beteiligt sind. Dadurch wurde das Interesse vieler Forscher geweckt, das Verhalten der Elektronen in Flüssigkeiten und ihre Mitwirkung bei den Vorgängen der Chemie aufzuklären. Besonders dürften sie bei den Reduktions- und den Oxydationsreaktionen von Bedeutung sein und bei vielen anderen Prozessen vom anorganischen bis hin zum biologischen Bereich.

Die Reaktionsfähigkeit beruht darauf, daß es als einzelnes ungepaartes Elektron die Eigenschaft eines Radikals besitzt und sich außerdem leicht an Moleküle und Ionen anlagert. Seit langem ist ein flüssiges System bekannt, das solche freien Elektronen enthält. Seit 1864 weiß man, daß Alkali- und Erdalkalimetalle sich in flüssigem Ammoniak in sehr weiten Grenzen auflösen lassen. Bei —33 °C entsteht also zunächst eine tiefblaue Lösung, die bei zunehmender Konzentration bronzefarben und stark lichtreflektierend wird.

Das Interesse an diesen Lösungen ist heute erneut sehr stark gewachsen, da sie das Studium der solvatisierten Elektronen ermöglichen.

Das Leitfähigkeitsverhalten zeigt übrigens den Übergang von elektrolytischer zu metallischer Leitfähigkeit. Daher interessieren sich auch Physiker, die sich mit dem Metall-Isolator-Übergang beschäftigen, für diese Systeme.

Es sind heute schon viele andere Systeme bekannt, die teils stabile, teils metastabile, lokalisierte und delokalisierte (metallische) Elektronenzustände ausbilden. Es werden solvatisierte Elektronen in polaren und nichtpolaren Flüssigkeiten und in flüssigen Kohlenwasserstoffen studiert. Sie erscheinen auch bei strahlenchemischen Reaktionen, bei der γ-Radiolyse. Aber auch Metall-Salz-Schmelzen und flüssige Metalle enthalten stabile solvatisierte Elektronen. Interessant ist das Phänomen der Hohlraumbildung in klassischen Flüssigkeiten, aber auch die wellenmechanisch bedingte Blasenbildung um Elektronen in Quantenflüssigkeiten.

4.2. Wasser

4.2.1. Wasser I und seine Struktur

Bei einem Vortrag über Flüssigkeiten darf das Wasser nicht fehlen. Wasser ist die Flüssigkeit, die auf unserer Erde am verbreitetsten ist. Das Wasser ist Träger vieler Lebensfunktionen. Wasser gehört auch zu den am intensivsten untersuchten Flüssigkeiten. Wie wir heute wissen, kann es sehr wahrscheinlich in mehreren Modifikationen auftreten als Wasser I und Wasser II.

Die Wasserforschung ist für die Molekularbiologie außerordentlich wichtig. Wasser dient als Lösungsmittel für zahlreiche in den Zellen vorhandene Stoffe. Es ist Reaktionspartner bei der hydrolytischen Spaltung von Eiweißen, Fetten und Kohlehydraten. Ferner spielt es eine Rolle bei der pflanzlichen Assimilation in der Zellatmung. Wie wir heute wissen, ist die Struktur sehr empfindlich in bezug auf Änderungen äußerer Parameter und gelöster Stoffe. Sie wird in der Nähe von Grenzflächen stark beeinflußt.

Die Struktur von Wasser I versucht man mit Hilfe der Streuung von Neutronen- und Röntgenstrahlen aufzuklären. Auch andere spektroskopische Untersuchungen liefern Informationen. Trotz vieler vorliegender Meßdaten weiß man über die Struktur noch sehr wenig Bescheid. Man vermutet, daß ein verwackeltes Eismodell vorliegt, in dem H-Brücken eine wichtige Rolle spielen. Jedes Wassermolekül ist danach von vier nächsten Nachbarn umgeben. Neuere, sehr genaue Strukturfunktionen und Paarverteilungsfunktionen wurden veröffentlicht.

Einige Daten für das Wassermolekül sind in Tabelle 2 zusammengestellt.

Tabelle 2

Mittlere Abstände	Mittlere Schwankungsbreite
$r_{OH} = 0{,}9736$ Å	$b_{OH} = 0{,}0022$ Å^2
$r_{HH} = 1{,}559$ Å	$b_{HH} = 0{,}0066$ Å^2

Wir müssen feststellen, daß kein Strukturmodell im Einklang mit den Streuexperimenten ist.

4.2.2. Wasser II, Polywasser, Superwasser, Orthowasser

Überraschenderweise wurde in den letzten Jahren erkannt, daß in der Nähe von Grenzflächen Strukturanomalien vorliegen können. Diese Erkenntnis ist für die Erforschung biologischer Erscheinungen besonders interessant, da in lebenden Systemen Wasser vorzugsweise in der Nähe von Membranen oder Makromolekülen vorhanden ist. Zum Beispiel zeigen Diffusionsmessungen von Thioharnstoff (0,3 g/l) in Wasser in der Nähe einer Kapillarwand (80 μm Abstand) deutlich Diskontinuitäten in der Temperaturabhängigkeit der Diffusionskonstanten.

Die Strukturänderungen des Wassers in der Nähe von Grenzflächen erstrecken sich über Bereiche, die viel ausgedehnter sind als die Reichweite der molekularen Wandkräfte.

Es soll sogar eine neue Modifikation des Wassers geben, genannt das DERJAGINsche Orthowasser, das durch Kondensation von Wasserdampf in engen Quarzkapillaren ($d \sim 1$ μm) entsteht. Es soll sich aus Polymer-Komplexen (H_2O) n aufbauen und das Molekulargewicht 180 haben.

Folgende Daten der Tabelle 3 sind maßgebend:

Tabelle 3

	Wasser I	Wasser II
Dichte	ϱ 1 g/cm³	$\varrho = 1{,}4$ g/cm³
Brechungsindex	$n = 1{,}33$	$n = 1{,}48$
Siedepunkt	$T = 100\,°C$	$T = 450\,°C$
Schmelzpunkt	$T = 0\,°C$	$T = -40\,°C$
Viskosität		15× so groß wie in Wasser I

Aufbrechen der Polymerketten tritt bei $T = 700-800\,°C$ auf.

Die Existenz dieser Modifikation wird neuerdings immer mehr angezweifelt.

4.3. Gefrieren von Wassertröpfchen

Vor wenigen Jahren wurde ein Phänomen entdeckt, das möglicherweise zur Erklärung der Ladungserzeugung in Gewittern herangezogen werden kann. Man untersuchte den zeitlichen Verlauf der Temperatur von Tröpfchen beim Gefrieren im unterkühlten Bereich. Dabei entdeckte man, daß von der Oberfläche der Tröpfchen von etwa 1 mm Durchmesser bei einer bestimmten Phase des Gefrierens Kleintröpfchen bis zu einem Durchmesser von 20 μm ausgestoßen werden, die positiv geladen sind. Die großen Resttropfen behielten eine negative Ladung zurück. Beim Gefrieren bilden sich unter der Eisschale Drucke bis zu 76 atm aus, wodurch Kleintröpfchen durch Poren und Risse ausgeschleudert werden.

Es kann sein, daß diese Erscheinung in der Natur unterhalb der Nullgradgrenze abläuft und wichtig ist für die Dynamik der Gewitterwolken und Entstehung der Gewitterelektrizität.

4.4. Flüssige Kristalle

Flüssige Kristalle sind seit langem bekannt, etwa seit 1888. Bereits O. LEHMANN untersuchte bis 1915 zahlreiche Substanzen. Seit etwa zehn Jahren interessiert man sich für flüssige Kristalle wieder stärker, da sich zahlreiche wichtige praktische Anwendungen in Technik und Medizin ergeben.

Flüssige Kristalle bestehen aus langgestreckten weitgehend unverzweigten Molekülen. Sie werden in drei Typen eingeteilt. Es gibt

1. nematische Zustände,
2. cholesterinische Zustände,
3. smektische Zustände,

die sich in ihrer Struktur unterscheiden.

Nematische Flüssigkeiten sind optisch aktiv und stark beeinflußbar durch elektrische Felder. Damit lassen sich dünne zwischen Glasplatten befindliche Schichten durchsichtig bzw. undurchsichtig machen. Sie werden daher in Anzeigeelementen verwendet.

Cholesterinische Flüssigkeiten sind extrem optisch aktiv. Es tritt zirkularer Dichroismus auf. Zirkular polarisiertes Licht wird reflektiert, damit treten im einfallenden weißen Licht kräftige Farbeffekte auf. Daher werden diese Flüssigkeiten als flächenhafte Temperaturindikatoren in der Technik und Medizin verwandt. So lassen sich Hauttemperaturen von Menschen und Tieren bestimmen. Auch bei der Produktion elektronischer Bauelemente werden sie zur Temperaturkontrolle benutzt. Temperaturänderungen von 0,01 °C lassen sich innerhalb $^1/_{10}$ s messen.

Flüssige Kristalle werden auch in der Chemie verwendet als Trennflüssigkeiten in der Gaschromatographie und zur Strukturbestimmung von Molekülen mittels Kernresonanz.

Es ist nicht ausgeschlossen, daß die Untersuchung flüssiger Kristalle auch neues Licht auf biologische Zellvorgänge wirft.

Die smektische Phase kann mit Strukturen von Zellwänden in Verbindung gebracht werden.

Viele biologische Strukturen in Lamellen und Fibrillen ähneln denen der cholesterinischen Phase.

Lipoide, Lipoproteine und Phospholipide können in der Flüssigkeit lebender Zellen gemeinsam mit anderen Stoffen als lyotrope kristallin-flüssige Systeme auftreten. Bei Einwirkung von Magnetfeldern auf biologische Systeme treten bei Vorliegen kristallinflüssiger Zustände Ausrichtungseffekte auf.

Unsere Kenntnis des kristallin-flüssigen Zustandes in lebenden Systemen ist noch mangelhaft. Auf diesem Gebiet sind wichtige Forschungsergebnisse zu erwarten.

4.5. Quantenflüssigkeiten

In der Natur gibt es eine Flüssigkeit, bei der die VAN DER WAALS-Kräfte nur schwach ausgeprägt sind. Es ist das ^{4}He, das aus diesem Grunde unter

Normaldruck erst bei 4,2 K flüssig wird. Verfestigung tritt selbst am absoluten Nullpunkt nicht auf, da durch das niedrige Atomgewicht die Materiewellenlängen groß sind und damit eine hohe Nullpunktsenergie bedingt wird. Somit liegt eine durch wellenmechanische Effekte aufgeblasene Flüssigkeit vor. Die Dichte beträgt nur 0,14 g/cm^3. Die Wirkung der Nullpunktsenergie wird noch ausgeprägter, wenn Elektronen in die Flüssigkeit hineingebracht werden. Da wegen der geringen Masse noch höhere Nullpunktsenergien vorliegen, bilden sich um Elektronen Blasen mit einem Durchmesser von etwa 10 Å aus.

Flüssiges Helium besitzt erstaunliche physikalische Eigenschaften, die man klassisch nicht verstehen kann. Es tritt das Phänomen der Superfluidität auf. Des weiteren kann flüssiges Helium nicht wie eine normale Flüssigkeit rotieren, da sich ein System von Wirbelfäden ausbildet.

Die technische Bedeutung des flüssigen Heliums ist außerordentlich groß. Vornehmlich findet es in der Kryotechnik als Kühlflüssigkeit Anwendungen. Wir erwähnen

1. supraleitende Kabel zur Übertragung großer elektrischer Energien,
2. supraleitende Magnete für die Hochenergiephysik, die Plasmaphysik und Aufhängevorrichtungen in der Technik,
3. rauscharme Maser-Empfänger für die Radioastronomie.

Schlußbemerkung:

Die Flüssigkeitsforschung hat uns in letzter Zeit manche neuen Einsichten und Überraschungen gebracht. Wissenschaftler der verschiedensten Disziplinen beginnen, sich immer mehr für dieses Fach zu interessieren. Denn jeder Fortschritt und jede Entdeckung auf diesem Gebiet gibt Impulse für die Weiterentwicklung vieler anderer Wissenschaftsdisziplinen.

5. Literatur

Übersichtsartikel über Flüssigkeitstheorien

P. WEINZIERL, Acta Phys. Austriaca **29** (1969) 26
Q. A. NEECE, Ann. Rev. Physical Chem. **20** (1969) 167
J. S. ROWLINSON, Disc. Farad. Soc. **49** (1970) 30
W. WEPNER, Naturw. Rundschau **23** (1970) Heft 1, S. 19

Elektrolyte

H. FALKENHAGEN, Theorie der Elektrolyte, Hirzel-Verlag, Leipzig 1971

H. Falkenhagen, W. Ebeling, Ionic Interactions. Hrsg. S. Petrucci, New York 1970
K. Natchalsky, Z. Alexandrowicz, O. Nedern, Chem. physics of Ionic Solutions. Hrsg. Conway-Barradas, John Wiley, New York 1966

Solvatisierte Elektronen

J. Jortner, Ber. Bunsenges. **75** (1971) Heft 7, S. 698
H. Kelm, Umschau 1970, Heft 22, S. 701
M. Natori, J. Phys. Soc. Jap. **27** (1969) 1309

Polywasser

B. V. Derjaguin, Sc. Amer. **223** (1970) Nr. 5, S. 52
S. R. Erlander, Sc. Journal (1969) S. 60

Gefrieren von Wassertröpfchen

R. J. Cheng, Umschau 1971, Heft 9, S. 714
R. J. Cheng, Science **170** (1970) 1395

Flüssige Kristalle

H. Sackmann u. D. Demus, Fortschr. Chem. Fo. **12** (1969) 349
Q. Meier, Phys. Blätter, 1971, Heft 3, S. 110
J. de Physique Suppl. Fasc. 11—12, Bd. 30 (1969) C 4—124 Tagungsberichte

Quantenflüssigkeiten

K. Dransfeld, Naturw. **58** (1971) 183

P. Görlich

Kepler und seine Beziehungen zur Optik

„Was können wir denn unser Eigenes nennen als die Energie, die Kraft und das Wollen." Es drängt mich, diese Goethe-Worte an den Anfang der Betrachtung über Kepler und seine Beziehungen zur Optik zu setzen, weil es mir scheint, daß der Inhalt dieser Worte Keplers Wesen und Wirken vollgültig wiederspiegelt. Aus all seinen Schriften spürt man das Verlangen nach Wissen und den Drang nach Erkenntnis, dabei immer die Wahrheit in den Vordergrund gestellt. Walther Gerlach formuliert Keplers Wesen, indem er Keplers eigene Worte nutzt[1]: „Der Forscher darf als ‚Priester am Buch der Natur' nur der Wahrheit dienen; ‚frei von Ruhmsucht und Eigennutz' soll er das, ‚was er im Innern als wahr erkannt hat, nach außen mit allen Kräften seines Verstandes vertreten, unabhängig von Zustimmung und Ablehnung der Menge'."

Versuchen wir, das Wesen Keplers besser zu verstehen, indem wir uns über konkrete Fakten aus Keplers Wirken informieren, insonderheit über Keplers wissenschaftliche Tätigkeit auf dem Gebiet der Optik, und versuchen wir, insbesondere die Ergebnisse zu verzeichnen, die ihre volle Gültigkeit zeitlos behalten.

Man schlage dazu ein modernes optisches Buch, etwa das „ABC der Optik"[2],

[1] W. Gerlach, Die Physik des Johannes Kepler, Bild der Wiss. 8 (1971) 1033; vgl. auch W. Gerlach u. M. List, Dokumente über Johannes Kepler, Ehrenwirth Verlag München 1971

[2] K. Mütze, L. Foitzik, W. Krug u. G. Schreiber, ABC der Optik. VEB F. A. Brockhaus Verlag Leipzig 1961; vgl. weiterhin als Beispiele Newcomb-Engelmann, Populäre Astronomie, 8. Aufl., Johann Ambrosius Barth Verlag, Leipzig 1948, S. 109ff.; F. Hodam, Technische Optik, VEB Verlag Technik, Berlin 1965; P. Suter, Einführung in die geometrische Optik, Techn. Rundschau, Bern/Schweiz 1958/59; R. W. Pohl, Einführung in die Optik, Verlag Julius Springer, Berlin 1940; L. Bergmann u. Cl. Schaefer, Bd. III, Optik (neubearbeitet von H. Gobrecht u. F. Matossi), Walter de Gruyter u. Co., Berlin 1966; H. Ebert, Physikalisches Taschenbuch, Verlag Vieweg u. Sohn, Braunschweig 1967

auf und orientiere sich über Fernrohre. Unter „Geschichtliches" findet man die Worte: Nach den ältesten verbürgten Quellen gilt der Brillenschleifer Lipperhey aus Middelburg in Holland als Erfinder des holländischen oder Galileischen Fernrohrs (1608). Galilei hat es nachgebaut, verbreitet und für astronomische Zwecke angewandt (1609). Das astronomische Fernrohr und auch das terrestrische Fernrohr mit einer Umkehrlinse wurde von Kepler 1611 beschrieben.

Unter K wird wiedergegeben: Keplersches Fernrohr, astronomisches Fernrohr, ein Linsenfernrohr mit sammelndem Linsenobjektiv und sammelndem Linsenokular...

Blättert man die moderne Literatur[1], die sich mit dem Auge befaßt, durch, so findet man den Namen KEPLER wiederum an entscheidender Stelle und zwar dort, wo es darum geht, daß die alte griechische Emanationstheorie durch neue Überlegungen abzulösen ist. KEPLER war es, der den Gedanken äußerte, daß das Auge wie eine Kamera arbeite, im Gegensatz zu den Vorstellungen der Griechen, die annahmen, daß das Auge unsichtbare Strahlen aussende, die die Gegenstände abtasten sollten. Rund 2000 Jahre hielt sich diese griechische Emanationstheorie, trotz der Bedenken von ARISTOTELES, offensichtlich wohl deshalb, weil wir die Gegenstände „außerhalb" unseres Auges sehen und nicht „im Innern" des Auges. Es ist ein müßiges Unterfangen, KEPLERS optische Leistungen gegenüber seinen astronomischen wichten zu wollen, es ist aber eine wissenschaftliche Höchstleistung, wenn er im Jahre 1604 als erster lehrt, das Auge als „ein Dunkelkästchen mit der Hornhaut, dem Kammerwasser und der Augenlinse als bildentwerfender Flächenfolge, mit der Iris als Blende und mit der Netzhaut als Auffangschirm" zu betrachten! Damit war die Entstehung umgekehrter Bilder auf der Netzhaut erklärt und der Versuch von CHRISTOPH SCHEINER angeregt, an dem Auge eines Toten nach Entfernung der Sehnenhaut das umgekehrte Netzhautbild zu betrachten.

In der neueren Literatur findet man den Namen KEPLER auch an den Stellen bzw. man sollte ihn überall dort finden, wo die Brillenwirkung beschrieben wird. MORITZ VON ROHR, ein früherer wissenschaftlicher Mitarbeiter in der Brillenabteilung der Carl-Zeiss-Werke, der sich auch tiefgründig mit der Geschichte des Zeiss-Werkes bis zum Tode ERNST ABBES beschäftigt hat, zeigt in zwei KEPLER-Festschriften, betitelt „Keplers Behandlung des beidäugigen Sehens" und „Kepler und seine Erklärung des Sehvorganges"[2],

[1] Vgl. z. B. V. RONCHI, New Optics, Atti della Fondazione Giorgi Ronchi Nr. 5 (1970) S. 599

[2] M. VON ROHR, Naturwiss. (früher Zoolog.-mineralog.) Verein zu Regensburg, Heft 19, Bericht für die Jahre 1928/1930

die tiefgründigen Untersuchungen KEPLERS auf, die KEPLER dazu führten, Aussagen über die Brillen treffen zu können. Das Brillenglas ist ihm ein Mittel, die wichtigsten Teile des Schaudings in der Ebene durch den Fernpunkt des fehlsichtigen Auges abzubilden. Dafür muß der Kurzsichtige ein zerstreuendes, der Alterssichtige ein schwaches Sammelglas vor das Auge bringen. MORITZ VON ROHR schätzt KEPLERS zeitlos geltende wissenschaftliche Leistungen auf dem Gebiete der Optik mit den Worten ein: „Kepler hat mit seinem Werk nicht allein die Aufgaben für eine neue Behandlung der Optik gestellt, sondern ihrer einige so mustergültig gelöst, daß wir auch heute auf den von ihm gezogenen Grundmauern weiterbauen." Und RONCHI[1] meint, daß KEPLERS Theorie ein wahres Meisterwerk sei, das niemals hoch genug geschätzt werden könne, weil es alte Fehler aufgedeckt und die wissenschaftliche Richtung der folgenden Jahre aufgezeigt habe.

Die rasche Fortentwicklung der Naturwissenschaften in unserer Zeit läßt die Frage entstehen, insbesondere bei der jüngeren Generation der Wissenschaftler, ob es sinnvoll ist, sich mit der geschichtlichen Entwicklung der Naturwissenschaften zu befassen, d. h., ob es nicht zweckmäßiger ist, sich den Stand der heutigen Kenntnisse der Naturwissenschaften anzueignen und nach ihrem Entstehen nicht zu fragen. Beachten müssen wir jedoch dabei, daß auch unsere heutigen Erkenntnisse auf naturwissenschaftlichem Gebiet nichts Abgeschlossenes darstellen. Wir müssen, um zu einem tieferen Wissen und einem tieferen Verstehen der Naturgesetze zu kommen, ihre Entstehungsgeschichte kennen. Wir dürfen die Tradition in diesem Falle nicht als hemmenden Ballast bezeichnen. F. HUND[2] leitet seine „Geschichte der Quantentheorie" mit den Worten ein: „Wozu treibt man Geschichte? ... Man will wissen, wie die Gegenwart zustande kam, um in ihr sich besser zurecht zu finden. ... Geschichte ist der Übergang vom Möglichen zum Faktischen." Wieder möchte ich OSTWALDS Worte in Erinnerung bringen, wie ich es bei der Würdigung der wissenschaftlichen Leistungen BUNSENS und KIRCHHOFFS tat[3]: „Es gibt kein wirksameres Mittel zur Belebung und Vertiefung des Studiums der Wissenschaft als das Eindringen in ihr geschichtliches Werden!"

Es ist daher naheliegend, nach Kenntnisnahme der fundamentalen optischen Leistungen KEPLERS in den KEPLERschen Originalarbeiten direkt nachzulesen, um zu erfahren, wie KEPLER seine Resultate erhielt, auf welche Kennt-

[1] Vgl. Fußnote 1 auf Seite 22

[2] F. HUND, Hochschultaschenbücher-Verlag. Bibliogr. Inst. Mannheim 1967

[3] P. GÖRLICH, Deutsche Akademie der Wiss. zu Berlin, Vorträge u. Schriften, Heft 66, 1960

nisse er aufgebaut hat, wie er die von ihm gefundenen Gesetzmäßigkeiten bewies.

Die im Original in lateinischer Sprache geschriebenen Bücher, die die optischen Arbeiten betreffen, sind von FERDINAND PLEHN mit Erläuterungen ins Deutsche übersetzt worden. Es handelt sich um die Werke „Dioptrik"[1], „Grundlagen der geometrischen Optik (im Anschluß an die Optik des Witelo)"[2] und „Behandlung des Sehens"[3]. In seiner „Dioptrik" (Bezeichnung für Optik brechender Medien, eine der glücklichen Wortschöpfungen KEPLERS, ebenso wie das Wort „focus"), dem jüngeren Werke, behandelt KEPLER die Darstellung der Wirkungen geschliffener Gläser oder durchsichtiger Kristalle auf das Sehen und die sichtbaren Gegenstände, aufgebaut auf Definitionen, optischen Grundsätzen, Aufgaben und Lehrsätzen, und konsequent betrachtet er ebene Kristalle, gekrümmte Flächen, die Linse (Brennpunkt, Wirkung, Konvexlinse), das Sehen, die Anwendung der Linse in bezug auf das Auge (Konvexlinse, zwei miteinander verbundene Konvexlinsen, Konkavlinse, Verbindung von Konvex- und Konkavlinsen). Dieser Gesamtkomplex enthält 141 Abschnitte, die Abschnitte unterschieden nach KEPLERS Bezeichnungsweise als Definitionen, Axiome, Probleme und Propositionen. Axiome sind ihm optische Lehrsätze, die nicht zu beweisen sind, da sie „Denknotwendigkeiten oder gesicherte Erfahrungen" aussagen. „Probleme" entspricht den Versuchen, und „Propositionen" sind Lehrsätze, die aus Definitionen und Axiomen, durch logische Schlüsse verknüpft, gewonnen werden.

Als ein wichtiges Resultat muß verbucht werden, daß als eines der Ziele der Dioptrik die Erklärung des holländischen (GALILEI-)Fernrohres erreicht und darüber hinaus sein Fernrohr, das KEPLERsche Fernrohr, entwickelt wurde. Bemerkenswerterweise ist der vorletzte, 140., Abschnitt als Aufgabe

[1] Dioptrica, et examen praefationis Jo. Penac Galli in optica Euclidis; de usu optices in philosophia (Original Frankfurt 1611); neuere Ausgabe M. CASPAR u. F. HAMMER, Johannes Kepler, Gesammelte Werke, Bd. IV, Dioptrice, Becksche Verlagsbuchhandlung München 1941; (nicht vollständige) Übersetzung in Ostwalds Klassiker der Exakten Wissenschaften, Nr. 144, Akad. Verlagsges. Leipzig 1904

[2] Ad Vitellionem paralipomena, quibus astronomiae pars optica traditur; potissimum de artificiosa observatione et aestimatione diametrorum, deliquiorumque solis et lunae (Original Frankfurt 1604; neuere Ausgabe F. HAMMER, Johannes Kepler, Gesammelte Werke, Bd. II, Astronomiae pars optica, Becksche Verlagsbuchhandlung München 1939; Übersetzung der Kapitel I bis IV in Ostwalds Klassiker der Exakten Wissenschaften Nr. 198, Akad. Verlagsges. Leipzig 1922

[3] Kapitel V aus Ad Vitellionem..., Übersetzung als Sonderdruck der „Zeitschrift für Ophthalmologische Optik", Band VIII, Heft 5

(Problema) formuliert: „Ein Fernrohr zu verfertigen, dessen beide Gläser konvex sind, sowohl das nach dem Auge, als das nach dem Gegenstand hin gerichtete, und doch soll der Erfolg erreicht werden", und der letzte, 141., Abschnitt ebenfalls als eine Aufgabe, als ein Versuch: „Ein Fernrohr zu verfertigen, dessen Glas nach dem Auge hin konvex, nach dem Gegenstande hin konkav ist." Verzichten wir auf eine genauere Beschreibung des in der Dioptrik erarbeiteten astronomischen Fernrohres[1], stellen wir uns hingegen die Frage, wodurch sich das KEPLERsche Fernrohr von dem holländischen unterscheidet. Als erstes fallen zwei „Nachteile" des KEPLERschen Fernrohres gegenüber dem holländischen auf, das KEPLERsche hat auf dem Kopf stehende Bilder (bei astronomischer Nutzung kein Nachteil) und eine größere Baulänge (Baulänge = Summe der Brennweiten der beiden Einzellinsen, beim holländischen: Baulänge = Differenz der Brennweiten der beiden Einzellinsen). Als große richtungsweisende Vorteile des KEPLERschen Fernrohres muß man hingegen registrieren:

1. im KEPLERschen Fernrohr entsteht ein reelles Bild und
2. liegt die Austrittspupille außerhalb des Okulars.

In seiner Dioptrik beschreibt KEPLER überdies sein astronomisches Fernrohr auch mit Umkehrsystem, d. h., er benutzt eine Umkehrlinse, die von dem umgekehrten reellen Bild ein aufrechtes reelles Bild erzeugt. Damit entsteht ein terrestrisches oder Erdfernrohr.

Beachten wir bei der Gesamtbetrachtung des KEPLERschen Komplexes „Dioptrik" die Tatsache, daß 1611 die wichtigsten dioptrischen Gesetze, nämlich das strenge Brechungsgesetz und das Gesetz der konjugierten Brennweiten noch nicht bekannt waren, beachten wir aber auch, in welch intensiver Weise KEPLER mit seinem „Beweis, daß zwei dicht aneinander gelegte gleiche Bikonvexlinsen in vereinigter Wirkung dieselbe Brennweite ergeben wie eine einzige Bikonvexlinse von doppelter Krümmung" an das Gesetz

$$\frac{1}{f} = \frac{1}{f_1} + \frac{1}{f_2} + \cdots$$

rührt. Und im gleichen Atemzug muß seine erarbeitete gute Näherungsformel für die Brechung[2] angeführt werden (vgl. Astronomia pars optica), die die Be-

[1] Einzelheiten dazu vgl. R. RIEKHER, Fernrohre und ihre Meister, VEB Verlag Technik Berlin 1957

[2] KEPLER $\alpha - \beta = k\alpha \sec \beta$ (mechanische Dichte nicht von optischer Dichte unterschieden)

SNELL $\sin \alpha = n \sin \beta$

rechnung einer Brechungstabelle zuläßt. Diese Tabelle enthält das Wertepaar $\alpha = 90°$ und $\beta = 53°30'$, womit im Prinzip die Totalreflexion aufgezeigt ist.

Auch beim Studium des älteren optischen Werkes, der „Grundlagen der geometrischen Optik", das wohl das Fundament für die Dioptrik bildet (aber die Dioptrik nicht etwa eine Wiederholung des älteren Werkes darstellt) und das aus zwei Teilen, der „reinen" Optik und der „astronomischen" Optik besteht, erkennt man, daß ebenfalls die konsequente Behandlung des Stoffes im Vordergrund steht. Mit Definition, Forderung, Satz und Beweis werden beispielsweise im Kapitel II (Über die Lichtfiguren) mit 12 Sätzen und mehreren Zusätzen die Probleme angegangen. Selbstverständlich setzt sich KEPLER in allen Schriften sehr hart mit den wissenschaftlichen Ergebnissen seiner Zeit und deren Deutungen auseinander, die damals das Bild der optischen Erkenntnisse widerspiegeln. Daher finden wir in den „Grundlagen der geometrischen Optik" die Betrachtung und Darstellung der Gesetze der Beleuchtung und der Brechung unter dem Blickwinkel des bis dahin Bekannten, allerdings kritisch betrachtet. Von eigenen Ergebnissen beschreibt KEPLER in diesem seinem ersten optischen Werk empirische Verbesserungen der Refraktionstafeln, die TYCHO BRAHE benutzt hat. Er streift die Frage nach der Natur des Lichtes und der Farben und untersucht die Entstehung des optischen Bildes in einer Lochkamera. Wir finden bei KEPLER in seiner Optik aber auch Worte, die auf Grund von Gedankengängen, die aus seinen optischen Überlegungen gefolgert wurden, niedergelegt sind: „Ich sehe voraus, daß, wenn ich der Luft Schwere beimesse, alle Physiker, die sich dieselbe leicht vorstellen, Einspruch dagegen erheben werden, aber die Naturbetrachtung hat mich gelehrt, die Luft als schwer zu betrachten." Diese Worte sind, man muß diesen Fakt wiederum konstatieren, vor der Geburt TORICELLIS im Jahre 1608 geschrieben.

Die Fülle der KEPLERschen Gedanken in einem Referat begrenzter Zeitdauer wiederzugeben, ist nicht möglich. Man kann nur Akzente setzen, denn als seiner Zeit weit vorauseilend, muß man KEPLERS fundierte Gedankenflüge bezeichnen, die schon in den „Grundlagen der geometrischen Optik" als einem Werk, wie bereits gesagt, aus jüngeren Jahren KEPLERS stammend, zu erkennen sind, ein Tatbestand, der bereits von seinen Zeitgenossen konstatiert worden ist. PAPIUS, KEPLERS ehemaliger Rektor an der Stiftsschule in Graz, beispielsweise, ein in den mathematischen Wissenschaften sehr bewanderter Professor seiner Zeit, schrieb 1606 an KEPLER: Wären doch Ihre Paralipomena ebenso klar, wie sie geistvoll und fein erdacht sind. Mir ist in meinem ganzen Leben auf dem gesamten Gebiete der Mathematik, fast möchte ich sagen der gesamten Philosophie, nichts ebenso Schweres vorgekommen. Opfern Sie doch Ihrem langjährigen, dem Greisenalter sich nähernden Freunde (PAPIUS zählte damals 48 Jahre) ein paar günstige Stunden, und befreien

Sie mich derart von meinen Zweifeln, daß ich das, was Sie meinen, durch klare Worte verstehe. Fast bei jedem Ihrer Lehrsätze bin ich im Zweifel, ob Sie alles genügend erklärt haben, oder ob ich auch nur den kleinsten Teil Ihrer Darlegungen begriffen habe. ... Ähnlich äußerte sich auch der Wissenschaftler MICHAEL MÄSTLIN, Mathematiker und ebenfalls Lehrer von KEPLER, der, von KEPLER um Beurteilung seiner Optik gebeten, erklärte, daß er dazu unfähig sei. Als positive Kritiker können der Kaufbeurer J. BRENGGER und der Engländer TH. HARRIOT gelten. In seiner Dioptrice hat KEPLER nochmals einen Abschnitt über das Auge und das Sehen eingefügt, nicht nur, um neue Erkenntnisse, etwa zur Frage der Akkommodation, zu bieten, sondern vor allem auch, um die erwähnten Klagen der schweren Verständlichkeit zum Verstummen zu bringen und um Klarheit in den Aussagen zu schaffen. Wir müssen aus den im Vergleich zu seinem optischen Gesamtwerk wenigen angeführten Tatsachen bereits erkennen, daß KEPLER auf Grund intensivster Konzentration, auf Grund des Studiums (auch geschichtlichen Studiums) des wissenschaftlichen Standes, auf Grund klarer Begriffsbildung und auf Grund logischer Schlüsse in der Lage war, zum wahren Begründer der wissenschaftlichen Optik, speziell, wie es auch LENARD[1] ausdrückt, zum Begründer der „geometrischen Optik" zu werden. Diese Aussage sei die erste von uns zu treffende Feststellung.

Als zweite Feststellung sei der Gedanke beleuchtet, daß kein produktiver Wissenschaftler ohne Zusammenhang mit einer zeitlich hintereinander und nebeneinander bestehenden Kollektiv-Arbeit wirksam werden kann, d. h. ohne wirksamen Informationsaustausch, wie wir uns heute ausdrücken, ist keine wissenschaftliche Arbeit ökonomisch zu bewältigen. KEPLER bezog sich bei der Abfassung seiner „Grundlagen der geometrischen Optik" auf WITELO, und sein Werk wurde zur harten Kritik der WITELOschen Ansichten über die Optik, die dieser in Fortsetzung der Hauptfehler der griechischen Optik vertrat. KEPLERS fundierte Schlüsse bewogen, wie schon im Zusammenhang mit der Netzhaut erwähnt, CHRISTOPH SCHEINER bereits zu Lebzeiten KEPLERS zu erfolgreichen experimentellen Untersuchungen. CHRISTOPH SCHEINER hat auch beide KEPLERschen Fernrohre, das astronomische und das terrestrische, praktisch hergestellt und damit Beobachtungen angestellt. ANTONIUS MARIA VON SCHYRLÄUS muß man das Verdienst zuerkennen, kurz nach CHRISTOPH SCHEINER das terrestrische Fernrohr so verbessert zu haben, daß es eine weite Verbreitung finden konnte. GIOVANNI BATTISTA RICCIOLI wandte im Versuch KEPLERS neue Theorie der Projektion erfolgreich in der Dunkelkammer an, und FRANCESCO MARIA GRIMALDI entdeckte daraufhin das bis

[1] PH. LENARD, Große Naturforscher, I. F. Lehmanns Verlag, München 1929

dahin unbekannte Phänomen der Beugung des Lichtes. Konsequent hintereinander folgende Schritte mit fortlaufend sich aneinanderreihenden neuen Erkenntnissen bis zum heutigen Tage sind nachweisbar; diese Tatsache müssen wir feststellen, obwohl viele jederzeit kritikbereite Wissenschaftler jener Zeit keine Kritik an KEPLERS Optik übten, wohl deshalb, weil sie unangreifbar erschien, möglicherweise aber auch, wie bereits gesagt, weil sie gedanklich schwer faßbar war. Wir wissen jedoch, daß SNELLIUS und DESCARTES mit ihren Arbeiten, die zum exakten Brechungsgesetz führten, durch KEPLERS optische Werke angeregt wurden[1], und der starke Anstieg der optischen Arbeiten besonders im 17. Jahrhundert fand in KEPLERS Optik das wirkliche Erregungszentrum (vgl. auch RONCHI)[2]. KEPLER fühlte das „Eingebettet-sein" in ein zeitlich nacheinander wirkungsvoll werdendes Kollektiv durchaus, war sich auch, wie man seinem Schriftwechsel mit Wissenschaftlern seiner Zeit entnehmen kann, bewußt, daß kollektive Zusammenarbeit die rasche Erkenntnis in wissenschaftlicher Sicht fördert. In unserer Zeit geübte kollektive Zusammenarbeit darf als konsequente und notwendige Folgerung aus der geschichtlichen Betrachtung der Wissenschaftsentwicklung angesehen werden, wobei KEPLERS Beitrag, beginnend mit seinem Zusammenwirken mit TYCHO BRAHE, einen wesentlichen Anteil ausmacht. Oder drücken wir die zweite Feststellung mit Worten GOETHES aus, die er KEPLER widmete: „Wie fleißig deutet er auf das einzig schöne Aperçu, was uns die Geschichte noch ganz allein erfreulich machen kann, daß die echten Menschen aller Zeiten einander voraus verkünden, auf einander hinweisen, einander vorarbeiten." GOETHE hat wohl das Leben KEPLERS eingehend studiert.

Kommen wir zu einer dritten Feststellung. Erinnert sei an die zitierten KEPLERschen Worte über die Schwere der Luft. Setzen wir, um zu weiteren Erkenntnissen über KEPLERS Wirken zu kommen, aus seiner „Astronomia nova" noch seine Worte hinzu: „Weniger dicht nenne ich denjenigen Körper, der bei gleichem Volumen weniger Materie enthält", des weiteren aus dem Vorwort seiner Grundlagen der geometrischen Optik den Gedankenkreis: „Ist doch der Schatz der Naturgeheimnisse unerschöpft und sein Reichtum unbeschreiblich; und wer etwas Neues davon ans Licht zieht, der eröffnet andern den Weg in immer weiteren Forschungen. So schaffte auch mir, der ich mich geraume Zeit mit optischen Betrachtungen abgegeben habe, Tychos Astronomie eine willkommene Anregung, und dank der Gnade Ew. Majestät konnte ich mich noch bei Lebzeiten des Meisters an ihr beteiligen und einige

[1] H. BOEGEHOLD, Keplers Gedanken über das Brechungsgesetz und ihre Einwirkung auf Snell und Descartes, Keplerfestschrift 1930 (Regensburg)

[2] Vgl. Fußnote 1 auf Seite 22

optische Lehrsätze in Angriff nehmen, die zwar anscheinend unbedeutend, doch den Keim für die höchsten Dinge in sich tragen und deren Pflege und feinerer Ausbau mir deshalb notwendig erschien. Mit Unrecht, glaube ich, hält man die optische Wissenschaft für minderwertig im Vergleich zur Astronomie, da letztere doch auf Sinneswerkzeuge und Instrumente angewiesen ist, während es der Optik an geometrischer Sicherheit durchaus nicht mangelt." Und in einem Brief an HERWART vom 12. November 1602 spricht KEPLER über den Gegenstand seiner astronomischen Optik, daß sie die Grundlage für die Planetentheorie liefere. Wir erkennen schon allein aus diesen Worten (es ist möglich, eine Vielzahl weiterer Zitate aufzuführen), daß sich KEPLER der Tatsache bewußt war, zwischen Astronomie und Optik, besser zwischen Astronomie und Physik müssen unlösbare Beziehungen bestehen; aus seiner Erkenntnis heraus wuchsen ihm die Mechanik und die Optik als notwendige neue Wissenszweige zu.

KEPLER darf gemäß dieser Feststellungen nicht nur als einer der größten Astronomen betrachtet werden, er ist ein Physiker gewesen. Seine Worte gelten: „Im Weltenbau muß, wie in der ganzen Natur, Einheit in der Mannigfaltigkeit herrschen. Mit der Astronomie muß die Physik verbunden werden, die eine muß aus der anderen erklärt werden." Heute sind wir davon überzeugt, daß der Kosmos das größte uns zur Verfügung stehende physikalische Laboratorium darstellt, um unsere physikalischen Erkenntnisse ungeahnt zu erweitern. Begriffe wie Neutronensterne, Gravitationskollaps, Pulsare, überdichte Materie, Gravitationswellen, Neutrino-Astrophysik[1] sind wohl beweiskräftig genug. Und was die herrschende Einheit in der Mannigfaltigkeit der gesamten Natur betrifft, so erkennen wir besonders in unserer Zeit die strenge Gültigkeit dieser Aussage, in der sich beispielsweise die Lehre vom Zusammenwirken — die Synergetik — herausbildet[2] oder neue Wege in der Evolutionstheorie insbesondere durch EIGEN aufgezeigt werden. Wir müssen notgedrungen zur Aussage kommen, daß KEPLER einer der ersten Wegbahner zum Begriff „Einheit der Wissenschaften" gewesen ist.

Die letzte von uns getroffene Feststellung führt konsequenterweise zur Frage, ob in KEPLERS Zeit allgemein eine Veränderung der Arbeits- und Denkweise in der Naturforschung, insbesondere auf dem Gebiete der Physik, bemerkbar ist. Aus seinem Jugendwerk „Mysterium cosmographicum" aus dem Jahre 1596 geht eindeutig hervor, daß KEPLER bevorzugten Wert

[1] Vgl. z. B. zus. Darst. V. LINKE, Naturwiss. **58** (1971) 77; V. WEIDEMANN, Naturwiss. **58** (1971) 241

[2] Vgl. H. HAKEN in „Theoretical Physics and Biology", ED. M. MAROIS, North Holland Publ. Amsterdam 1969

auf Genauigkeit der astronomischen Beobachtungen legte, wodurch er folgerichtig nach Verbesserung der Meßmethoden streben mußte und auch strebte. Erkenntnisse aus dieser Betrachtungsweise veranlaßten ihn, das bereits erwähnte Buch „Grundlagen der geometrischen Optik"[1] im Jahre 1604 zu verfassen. KEPLER „häuft nicht nur Meßwerte an", sondern sucht nach kausalen Zusammenhängen gleich GALILEI. Quantitative Naturbeobachtung, Experiment und Theorie als Komplex bilden wesentlich den neuen Gesichtspunkt in der naturwissenschaftlichen Forschung jener Zeit. Und wenn man zur Aussage kommt, daß die Anfänge der exakten Naturwissenschaften auf Persönlichkeiten wie GALILEI und NEWTON zurückgehen, so darf der Name KEPLER dabei nicht fehlen. Der Grad der Einstufung ist 1933 von MAX PLANCK charakterisiert worden, als er EINSTEINS Verdienste nach dessen entehrender Amtsentlassung formulierte: EINSTEIN ist der Physiker, durch dessen in unserer Akademie veröffentlichte Arbeiten die physikalische Erkenntnis in unserem Jahrhundert eine Vertiefung erfahren hat, deren Bedeutung nur an den Leistungen JOHANNES KEPLERS und ISAAC NEWTONS gemessen werden kann.

Ich vermag die angestellten Betrachtungen nur zu beenden, wenn ich noch auf eine letzte Feststellung hinweisen darf, diese jedoch nicht mit eigenen Worten charakterisierend, sondern mit GOETHES, in seiner Geschichte der Farbenlehre JOHANNES KEPLER gewidmeten Sätzen: „Wenn man Keplers Lebensgeschichte mit demjenigen, was er geworden und geleistet, zusammenhält, so gerät man in ein frohes Erstaunen, indem man sich überzeugt, daß der wahre Genius alle Hindernisse überwindet. Der Anfang und das Ende seines Lebens werden durch Familienverhältnisse verkümmert, seine mittlere Zeit fällt in die unruhigste Epoche, und doch dringt sein glückliches Naturell durch. Die ernstesten Gegenstände behandelt er mit Heiterkeit und ein verwickeltes mühsames Geschäft mit Bequemlichkeit." In einem Büchlein „Johannes Kepler; Leben, Wirken und Leiden"[2] fand ich eine wirkungsvolle Schilderung seiner menschlichen Gestalt, in der, wie in allen anderen Beschreibungen, auf KEPLERS schwache und zarte Konstitution in seiner Jugend hingewiesen wird. KEPLERS Vater stand als typische Landsknechtsnatur oft in fremden Kriegsdiensten, und seine Mutter war diesem einmal gefolgt. Als beide nach Hause zurückkehrten, fanden sie ihren sechsjährigen Sohn JOHANNES KEPLER vor, die schweren Folgen einer harten Blatternerkrankung ertragend. Es muß angenommen werden, und KEPLER spricht es bei seinen optischen Untersuchungen, insonderheit bei den Brillenfragen, öfter aus, daß

[1] Vgl. Fußnote 2 auf Seite 24

[2] A. Hartlebens Verlag; Wien, Pest, Leipzig 1871.

ihn die Blatternkrankheit in seiner Jugendzeit um „den besten Teil seines Augenlichtes“ gebracht hat. Was ihm infolge dieses körperlichen Mangels durch die Unmöglichkeit, feinere Beobachtungen selber durchführen zu können, fehlen mußte, konnte er nur mit seinem durchdringenden Verstand ersetzen. Trotzdem sah er seine theoretischen Vorstellungen nur dann als vollkommen zulässig an, wenn sie durch Beobachtungen und Rechnungen geprüft waren. Wir erkennen, „daß der wahre Genius alle Hindernisse überwindet“, so wie es GOETHE aussprach. Wir erkennen, daß die Beschäftigung mit der Geschichte der Naturwissenschaften auch den Nutzen hat, zu erleben, welche ungewöhnlichen Forschernaturen mit all ihrem menschlichen Ringen und Leiden uns die Erkenntnisse der Naturgesetze erarbeiteten. Eine solche ungewöhnliche Forschernatur war KEPLER.

Wir gingen von der Aufgabe aus, das Verhältnis ins Auge zu fassen, das KEPLER zur Optik hat. KEPLER erreichte ein Ziel, das er sich gestellt hatte, nämlich eine die Erfahrung umfassende Wissenschaft vom Licht zu schaffen. Er erreichte das Ziel durch Vollendung seiner zwei großen optischen Werke. Licht ist ihm gewichtslose Materie, die Lichtkraft nimmt mit dem Quadrat der Entfernung ab. Wir wissen nicht, welchen Inhalt ein durchgearbeitetes drittes optisches Werk KEPLERS hätte haben können, wovon in den sogenannten Pulkowoer Manuskripten die Rede ist; denn Band 1 dieser Manuskripte birgt die Vorarbeiten für eine geplant gewesene Weiterführung der „Optik“. Wir mußten lernen, daß es KEPLERS fundierte Gedankenflüge nicht zulassen, sich auf die Wiedergabe seiner optischen Ergebnisse allein beschränken zu können; sein Wirken überschreitet stets die Schwellen enger Fachgebiete und sieht das allgemein Neue, das weithin noch zu Erforschende. Und wir neigen uns vor dem Genie KEPLER, das in der „Dissertatio cum nuntio sidereo“, 1610 an GALILEI gerichtet, die zukunftsträchtigen Worte niedergelegt hat: „Man schaffe Schiffe und Segel, die sich für die Himmelsluft eignen, dann wird es auch Menschen geben, die vor der öden Weite des Raumes nicht zurückschrecken.“

M. FRANÇON

Moderne Anwendungen der physikalischen Optik

Übersetzung aus dem Englischen

In deutscher Sprache herausgegeben von Joachim Klebe

1971. 243 Seiten — 164 Abbildungen — 8° — 18,50 M
Bestell-Nr. 761 418 1 (5864)

Der Autor beschreibt zahlreiche Anwendungen der Interferenz- und Polarisationsoptik für die moderne Meßtechnik,
behandelt die Fouriertheorie der Bildentstehung und Anwendungsmöglichkeiten,
führt in die klassische Kohärenztheorie ein,
erläutert die Grundlagen der Holographie und deren Anwendungen und gibt einen kurzen Einblick der klassischen Behandlung der nichtlinearen Optik.

Bestellungen durch eine Buchhandlung erbeten

A K A D E M I E - V E R L A G
DDR-108 Berlin, Leipziger Str. 3—4

Ergebnisse der Plasmaphysik und der Gaselektronik

Band III

Herausgegeben von Robert Rompe und Max Steenbeck

1972. X, 438 Seiten — 76 Abbildungen — 33 Tabellen — gr. 8° — Leinen 96,— M
Bestell-Nr. 7614472 (5570/III)

In dieser Reihe, von der nunmehr Band III vorliegt, sollen Teilfragenkomplexe die den dafür erforderlichen Grad der Ausgereiftheit erlangt haben, zusammenfassend von auf dem Gebiet selbst aktiv tätigen Forschern dargestellt werden. Vor allem aktuelle, für die Weiterentwicklung der Plasmaphysik im weitesten Sinne des Wortes wesentliche Gebiete der Forschung und Technik werden berücksichtigt.

Band III enthält 4 Beiträge:
Kelbg — Einige Methoden der statistischen Thermodynamik hochionisierter Plasmen,
Wolschke — Theorie der Plasmaschwingungen,
Sauer — Nichtlineare Wechselwirkung von Wellen in Plasmen,
Darwin — Bedingungen für die Gültigkeit lokalen thermodynamischen Gleichgewichtes.

Bestellungen durch eine Buchhandlung erbeten

A K A D E M I E - V E R L A G
DDR-108 Berlin, Leipziger Str. 3—4

FSC
www.fsc.org
MIX
Papier | Fördert gute Waldnutzung
FSC® C083411

Zeitfracht Medien GmbH
Ferdinand-Jühlke-Straße 7
99095 Erfurt, Deutschland
produktsicherheit@kolibri360.de